딤섬의
여왕

딤섬의
여왕

펴낸날 개정 1쇄 2024년 11월 8일

지은이 정지선

펴낸이 강진수
편 집 김은숙, 설윤경
디자인 Stellalala_d

사 진 헬로스튜디오 조은선(www.sthello.com)
요리 어시스트 박진모
장소협찬 헬로스튜디오

인 쇄 (주)사피엔스컬쳐

펴낸곳 (주)북스고 **출판등록** 제2024-000055호 2024년 7월 17일
주 소 서울시 서대문구 서소문로 27, 2층 214호
전 화 (02) 6403-0042 **팩 스** (02) 6499 -1053

ISBN 979-11-6760-087-5 13590

책 출간을 원하시는 분은 이메일 booksgo@naver.com로 간단한 개요와 취지, 연락처 등을 보내주세요.
Booksgo는 건강하고 행복한 삶을 위한 가치 있는 콘텐츠를 만듭니다.

국내
최초

중식 셰프 정지선의
쉽고 간단한 딤섬 54

딤섬의
여왕

정지선 지음

Booksgo

짜장면이나 짬뽕을 시키면 서비스처럼 나오는 만두.
일반적으로 우리나라에서 만두는 요리라기보다
서비스나 입맛을 돋우는 음식으로 여겨졌습니다.
하지만 만두의 정확한 명칭은 '딤섬'입니다.
만두는 딤섬의 한 종류인거죠.

요리사를 꿈꾸며 학교에서 진로를 고민할 때,
유독 여성 셰프가 전무한 중식이라는 분야의 매력에 빠졌습니다.
남자들도 살아남기 힘들다는 중식 주방에서 무거운 웍을 돌리고 팔보다 긴 국자를 저어가며
강한 화력을 무기삼아 요리를 하는 모습이 쉽지는 않지만 매력적으로 다가왔습니다.

중국 유학 시절,
좀 더 다양한 중식의 세계를 접하고자 중국 22개 도시를 다니던 즐거움은
지금도 가장 행복한 기억으로 꼽을 만큼 새로운 경험으로 가득했습니다.
그때 딤섬의 매력에 빠지게 되었습니다.
중국의 넓은 영토만큼이나 다양한 딤섬의 세계는
제가 꿈꾸고 경험하고픈 바로 그것이었습니다.

딤섬은 피를 반죽하는 방법과 속재료의 조합,
조리법을 단순히 배우는 것에서 끝나는 것이 아닌
섬세한 손기술을 요하는 작업입니다.
초보자가 하기에 쉽지 않은 작업이지요. 하지만 모든 요리가 그러하듯
딤섬 역시 끊임없는 연습과 연구로 자신의 개성을 담아낼 수 있습니다.

처음은 어려울 수 있습니다. 누구나 처음은 힘든 법입니다.
저는 이 책에 그동안 경험한 딤섬의 세계를
최대한 쉽고 간단하게 담고자 고민하고 노력하였습니다.
이 책이 딤섬을 제대로 이해하는 밑거름이 되기를 바랍니다.

'마음에 한 점을 찍다'라는 딤섬의 의미처럼
딤섬이 가진 매력을 많은 분들과 나누고 싶습니다.
정성을 다하며 마음을 담아 감동을 전할 수 있는 한 그릇을 위해
진심을 다하겠습니다.

정지선

PART 01 냉채와 면

흑식초 다시마 무침
30

완탕면
32

홍소우육가위면
34

토마토탕면
36

흑식초 무절임
38

샤천식 량반두부피
39

흑식초 해파리 머리무침
40

해산물 분사무침
41

흑식초 오이절임
42

STORY OF DIMSUM 01   내 마음에 한 점, 점을 찍다. 딤섬   43

PART 02 포자와 교자

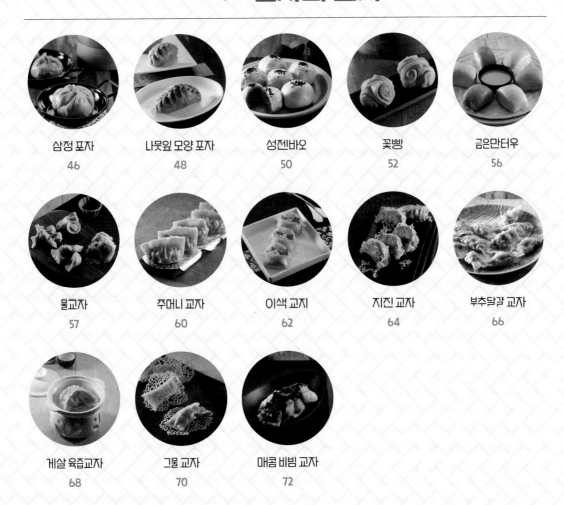

PART 03 수정교자

PART 04 마이와 작(튀기기)

PART 05 다양한 딤섬

딤섬의 시작

간단한 식사나 간식처럼 먹을 수 있는 거의 모든 음식을 말한다. 우리나라에서는 '만두'로 알려져 있지만, 실제 딤섬의 의미는 우리가 생각하는 이상으로 광범위하다.

딤섬이란

딤섬이란, 간단한 식사처럼 먹을 수 있는 음식을 말한다. 일반적으로 한 입 크기의 만두로 알고 있다. '점심'이라고도 불리는 딤섬은 허기진 마음에 점을 찍듯 작은 음식을 먹어 배고픔을 생각하지 않도록 만든다는 의미를 가지고 있다. 중국 광동에서는 점심이 가볍게 먹는 식사를 의미하며 조금 먹는 간식이라는 뜻도 포함한다. 중국에서는 식사로, 홍콩에서는 전채 음식으로, 한국에서는 후식으로 즐긴다.

딤섬의 유래

딤섬의 유래는 여러 가지다. 그 중에서 가장 널리 알려진 딤섬의 유래는 원래 황제나 제후, 고관대작의 간식에서 출발한 음식이다. 중국 고대 농경사회에서 농부들이 하루의 고된 농사일을 마치고 삼삼오오 모여서 차를 마시며 하루의 피로를 풀었다고 한다. 이때 차만 마시기가 허전해서 간단하게 즐길 수 있는 먹거리를 곁들였는데, 이를 '딤섬'이라 한다.

딤섬의 분류

딤섬은 모양에 따라 분류할 수 있다. 우리가 익히 알고 있던 딤섬의 모양도 있고, 전혀 생각지 못한 형태를 가진 딤섬도 있다. 대나무 통에 담아 만두 모양으로 찌거나 기름에 튀기는 것 외에 식혜처럼 떠먹는 것, 국수처럼 말아먹는 것 등 여러 가지가 있다. 딤섬의 속재료는 새우·게살·상어 지느러미 등의 고급 해산물과 소고기·돼지고기·닭고기 등의 육류, 감자·당근·버섯 등의 채소, 단팥이나 밤처럼 달콤한 앙금류 등을 사용한다.

교(餃)

작고 투명한 것이 특징이며 피가 얇고 아담하다.
일부는 속재료가 보이기도 하며, 끝 마무리가 서
로 맞물려 디문 형태다. 지진 교자, 소롱포가 대
표적이다.

파오(包)

껍질이 두툼하고 폭신한 것으로 말 그대로 감싼
형태의 딤섬을 말한다. 꽃빵과 찐 포자가 대표적
이다.

마이(賣)

윗부분이 뚫려 속이 보이는 것으로 샤오마이가
대표적이다.

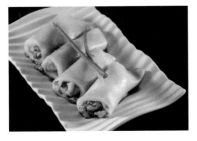

펀(粉)

얇은 쌀가루 전병에 갖가지 속재료를 넣어 돌돌
말아 부친 형태로 창펀이 대표적이다.

딤섬 재료 계량하기

딤섬은 짐작으로 간을 맞출 수 있는 것이 아니다. 특히 제과제빵과 비슷하다.
재료별 정확한 계량으로 조리해야 최상의 맛을 낼 수 있다.

숟가락으로 계량하기

가루	1큰술(15g)	1/2큰술	1작은술(5g)	1/2작은술
액체	1큰술(15g)	1/2큰술	1작은술(5g)	1/2작은술
장류	1큰술(15g)	1/2큰술	1작은술(5g)	1/2작은술

손으로 계량하기

한 줌(200g)
한 손으로 자연스럽게 쥔다.

한 줌
한 손으로 자연스럽게 쥔다.

종이컵으로 계량하기

1컵(130g)   1/2컵(65g)   1컵(200g)   1/2컵(100g)

딤섬 재료 썰기

중국요리는 다양한 재료가 많은 만큼 재료의 손질과 재료를 어떻게 썰어서 사용하는 지가 굉장히 중요하다. 딤섬도 재료별 다양한 썰기가 필요하다.

어슷 썰기
대파, 오이, 고추 등 세로로 긴 재료를 한쪽으로 비스듬히 썰어준다.

깍둑 썰기
채소나 과일 등을 정사각형으로 썰어준다.

편 썰기
마늘, 생강 등의 재료를 모양 그대로 얇게 저미듯 썰어준다.

송송 썰기
가늘고 긴 재료를 동그란 모양으로 일정하게 썰어준다.

채 썰기
무침이나 볶음 재료를 손질할 때 쓰는 방법으로 편으로 썰거나 어슷하게 썬 재료를 층층이 겹친 뒤 다시 일정한 간격으로 얇게 썰어준다.

다지기
여러 번 칼질을 해서 원하는 크기로 썰어준다.

딤섬을 만드는 도구

요리를 하기 위해서 조리도구가 필요한 것은 당연한 일이다. 딤섬도 다양한 형태와 종류를 가지고 있기에 여러 도구를 사용한다. 하지만 딤섬의 종류에 비해 사용하는 도구는 의외로 소박하다.
다음은 딤섬을 만들 때 반드시 필요한 도구들이다.

유산지
찜기에 재료를 넣고 찌기 전에 붙지 않도록 깔아서 사용한다.

저울
정확한 맛을 내기 위해 필요하다.

계량컵
육수양을 측정하기 위한 도구다.

계량 스푼
저울을 사용하지 않을 때는 스푼으로 계량한다.

나무 찜기
완성된 딤섬을 찔 때 사용한다.

모양 틀
일정한 모양을 내거나 손으로 만들 수 없는 다양한 모양을 만들 때 사용한다.

샤오마이 전용 밀대

샤오마이의 꽃 모양을 살린다.

밀대

교자, 포자, 마이를 만들 때 사용하는 피를 만드는 도구다. 그리고 반죽의 공기를 빼기 위해 반죽을 두드리기도 한다.

손잡이 밀대

대량의 반죽을 일정한 두께로 밀 때 사용한다.

헤라

딤섬의 속재료를 담을 때 사용한다.

수정교자(밀전분) 피 전용 칼

날이 없고 평평하다.

스크래퍼

작업대 위에 남은 반죽을 깔끔하게 떼어낼 때 사용한다.

원형 틀

일정한 모양을 내고자할 때 사용한다.

국자

재료를 볶을 때 사용한다.

타이머

재료의 질감과 익힘 정도를 정확히 파악하기 위해 필요하다.

믹서기

교자의 색을 입히기 위해 필요한 채소
를 갈아준다.

반죽기

손으로 치는 반죽을 도와준다. 속재료
나 피를 만들 때 시간을 단축시킨다.

05 딤섬에 사용하는 재료

딤섬은 다양한 형태와 종류에 비해 피나 속재료는 많지 않다. 피의 재료로 다양한 가루를 사용하여 식감과 질감, 맛을 낸다. 딤섬은 제과제빵과 비슷한 면이 있는데, 이스트를 이용하여 반죽을 발효시켜 사용하기도 한다.

춘권

밀가루와 쌀가루를 원료로 만든 피를 말한다.

밀전분(등분)

수정교자에 사용되는 재료로, 100% 밀로 만든 전분으로 익반죽을 해서 찌면 속이 보이는 것이 특징이다.

천연 색소

딤섬에 사용하는 피에 색감을 표현하기 위해 사용한다.

판 젤라틴

푸딩 재료로 사용된다. 액체를 굳힐 때 사용한다.

버터

수를 만들 때 밀가루 사이의 공간을 만들어 주는 역할로, 전통적인 조리법에 돼지기름 대신 버터를 사용한다.

샤미

새우에 소금을 넣어 절인 후 마른 천으로 비벼 껍질을 제거하고 말린 것이다. 육즙이 풍부하고 육질이 보들하며 볶음이나 지지거나 쪄서 사용한다.

팥 앙금

후식용 재료로 사용한다.

옥수수 가루

딤섬의 속재료로 사용하면 고소한 맛을 낸다.

이스트

반죽을 발효시키기 위해 사용한다.

찹쌀가루

주로 떡을 만들 때 사용하는 재료로 찰
진 식감을 가지고 있다.

감자전분

감자전분은 100%를 사용하며, 속재
료의 수분을 잡아주고 피의 탄력을 살
려준다.

밀가루

• **강력분_** 습부량 35% 이상인 밀가루
로 주로 제빵용으로 사용하며, 모양
을 유지시키기 때문에 샤오마이 반
죽에 사용한다.
• **중력분_** 습부량 25~35%인 밀가루
로 국수용으로 사용하며, 슈니 교자,
소롱포 반죽에 사용한다.
• **박력분_** 습부량 19~25%인 밀가루
로 과자나 튀김용으로 사용하며, 폭
신하고 부드러운 반죽인 꽃빵이나
포자 반죽에 사용한다.
※ 습부량은 밀가루를 반죽하여 물에
녹는 성분을 흘려 보낸 후 글루텐을
얻었을 때 물기를 빼고 측정한 양을
말한다.

타피오카펄

동글동글한 모양의 쫀득한 식감으로,
주로 후식용 딤섬의 재료로 사용한다.

코코넛롱

코코넛을 채 썰어놓은 상태를 를 말하
며, 주로 후식용 딤섬의 재료로 사용
한다.

한주 꽃소금

한주 꽃소금을 사용하면 깔끔한 맛을
낸다. 이번 책의 모든 요리에 한주 꽃
소금을 사용한다.

딤섬 만들기 전에 준비하기

대부분의 요리가 비슷하겠지만, 딤섬의 경우 미리 준비를 하거나 방법을 알아두면 편리하다. 특히 딤섬에 사용하는 속재료용 총장즙이나 새우 손질 이외에도 딤섬의 종류에 맞는 반죽 방법을 알아두면 딤섬을 만들기에 수월하다.

총장즙 만들기

총장즙은 파와 생강을 함께 넣어 갈아 만드는 것으로, 속재료를 만들 때 첨가하여 재료들의 잡내를 제거하고 감칠맛을 도와준다.

재료 쪽파 50g, 생강 50g, 찬물 200g

1 쪽파와 생강은 씻어서 준비한다.

2 생강은 편 썰고 쪽파는 4cm 길이로 썰어서 준비한다.

3 믹서기에 넣고 갈아서 준비한다.

새우 손질하기

새우는 소금으로 이물질을 제거하고 전분으로 닦아주면 새우살이 탱탱해지고 새우 특유의 잡내가 사라져서 다른 재료와 섞었을 때 맛을 방해하지 않는다.

재료 새우 400g, 감자전분 200g, 굵은 소금 50g

1 새우, 전분, 소금을 준비한다.

2 그릇에 새우를 담아 소금을 붓는다.

3 손으로 문질러가면서 새우를 비벼준다.

4 소금에 비벼준 새우에 감자전분을 붓는다.

5 감자전분을 넣어 비빈 후 물을 소량 넣어서 힘을 주어 비벼준다.

6 물을 부어 감자전분과 소금을 씻어낸 후 흐르는 물에 30분간 담가 놓는다.

7 수분을 제거한다.

물전분과 닭 육수 만들기

딤섬의 속재료를 만들거나 육수를 이용할 때 필요한 물전분과 닭 육수 만드는 방법을 알아두면 편리하다.

물전분 만들기

물전분은 탕수육 소스, 칠리 소스 같이 다양한 소스를 만들거나 해물 누룽지탕처럼 국물의 농도를 잡아 요리에 윤기를 나게 해준다. 또한 재료에서 맛있는 성분이 흘러나오는 것을 막아주어 음식 맛이 어우러지게 돕는다. 또 물전분이 들어간 음식은 빨리 식지 않아서 재료의 맛을 유지시키는 데 도움이 된다.

1 물전분은 감자전분과 물을 1:1 비율로 잘 섞어 만든다.

2 물전분은 반드시 국물이 완벽하게 끓었을 때 불을 최대한 줄이고 부드럽게 잘 섞어가며 넣어야 응어리가 지지 않고 맑고 투명한 소스를 만들 수 있다.

닭 육수 만들기

중국요리에서는 닭고기 육수를 쓰는 것이 일반적이다. 딤섬 역시 닭고기 육수를 사용한다. 누룽지탕이나 짬뽕 같은 국물 요리를 만들 때 닭 육수를 사용하면 깊은 맛을 낼 수 있다. 멸치나 소고기를 사용한 육수는 향이 강해서 다른 재료의 맛에 영향을 미치는 데 반해, 닭고기 육수는 다른 재료와 섞어도 맛에 영향을 주지 않고 사용할 수 있어 다양한 요리에 사용한다.

1 닭다리살은 깨끗이 씻어 준비하고 양파는 반으로 자르고 생강은 큼직하게 편으로 썰어 대파와 함께 준비한다.

2 물 15컵에 1의 재료를 넣고 육수가 끓기 시작하면 거품과 불순물을 걷어내고 30분 정도 우려서 사용한다.

 TIP 센불에서 거품이 나도록 계속 끓이면 육수가 탁해지므로 육수가 끓기 시작하면 불을 줄이고 약한 불에서 서서히 재료들을 우려서 맑은 육수를 뽑아 사용한다.

딤섬 반죽하기

딤섬의 종류에 따라 사용하는 피 반죽이 있다. 딤섬의 대표적인 피 반죽의 재료와 반죽 방법을 익혀두면 딤섬의 식감이나 질감에 대한 이해와 먹는 재미를 느낄 수 있다.

포자(꽃빵)

찐빵 같은 식감으로 반죽의 공기층이 형성되어 폭신한 느낌이 나는 꽃빵을 위한 반죽이다. 일반적인 포자의 반죽을 위해서는 설탕과 우유를 뺀 나머지 재료를 섞어서 반죽한다.

재료 밀가루 500g, 베이킹 파우더 4g, 이스트 8g, 설탕 40g, 우유 150g, 미지근한 물 130g, 식용유 소량

1 모든 재료를 준비한다.   **2** 볼에 1을 넣고 반죽한다.   **3** 설탕이 녹도록 반죽을 치댄다.   **4** 비닐에 넣어서 숙성시킨다.(성형 전에 20분 정도 1차 발효시킨다.)

교자

표면이 매끄럽게 반죽이 되어야만 매끈한 교자를 얻을 수 있다.

재료 밀가루 300g, 물 150g, 소금 1g

1 모든 재료를 준비한다.   **2** 볼에 1을 넣고 반죽한다. 10분 이상 치댄다.   **3** 표면이 매끄러워 질 때까지 약 10분 이상 치댄다.

수정교자

밀전분을 이용하여 반드시 익반죽을 해야 투명한 수정교자를 만들 수 있다.

재료 밀전분 200g, 감자전분 30g, 덧가루 20g, 끓는 물 200g, 기름 30g, 소금 1g

1 모든 재료를 준비한다.

2 볼에 1을 넣고 섞은 후 끓는 물(100도)을 붓 는다.

3 가루가 잘 섞이도록 저어준다.

4 가루가 다 섞이면 소 량의 기름을 넣어 치 댄다.

5 비닐에 담아 반죽이 식지 않도록 보온을 유지한다.

TIP 마지막에 기름을 넣으면 반죽이 코팅되어 식는 것 을 방지하고 반죽의 윤기를 낸다.

마이

모양이 찌그러지지 않도록 충분한 찰기가 생길 때까지 치댄다.

재료 강력분 300g, 달걀 노른자 1개, 물 100g, 소금 1g

1 모든 재료를 준비한다.

2 볼에 1을 넣고 반죽한다.

3 10분이상 치댄다.

TIP

물 100g에 치자 5g을 넣어 우린 후 설탕 1g을 녹여 만 든 물을 피를 반죽할 때 넣 어 주면 예쁜 색을 얻을 수 있다.

수

중국식 페이스트리라고 할 수 있으며 결을 만들기 위해 두 가지 반죽을 겹치고 접어주는 과정이 필요하다.

재료 1 밀가루 100g, 무염버터 90g
재료 2 밀가루 200g, 무염버터 20g, 소금 1g, 물 100g

1 재료 1과 2를 각각 따로 반죽한다.

2 재료 2의 반죽을 넓게 펴고 재료 1의 반죽을 놓는다.

3 재료 1의 반죽을 감싸도록 재료 2의 반죽을 접는다.

4 반죽을 접은 다음 뒤집어 준다.

5 밀대로 밀어서 다시 넓게 펴준다.

6 넓게 편 반죽에 달걀 노른자를 바른다.

7 다시 순서대로 접어준다.

09 색깔 반죽 만들기

딤섬 반죽을 할 때 색소를 사용하여 색을 낼 수도 있지만, 채소를 사용하면 자연스러운 색을 가진 반죽을 할 수 있다.

호박

호박의 노란색을 담은 반죽을 할 수 있다.

1 단호박을 준비한다.

2 단호박을 준비한다. 껍질을 제거하고 사방 3cm로 썬다.

3 찜기에 30분간 찐다.

4 볼에 넣고 으깨준다.

5 반죽 재료에 섞어서 피 반죽을 한다.

 TIP 채소를 이용하여 반죽하면 자연스러운 색을 표현할 수 있다.

시금치

시금치의 녹색을 담은 반죽을 할
수 있다.

1 시금치는 깨끗이 씻어서 준비
   한다.

2 볼에 담아 끓는 물을 부어서
   숨을 죽인다.

3 시금치를 넣고 믹서기에 간다.

4 간 시금치를 체로 거른다.

5 볼에 반죽 재료와 시금치즙을
   넣고 피 반죽을 한다.

당근

당근의 붉은 색을 담은 반죽을
할 수 있다.

1 당근은 껍질을 벗겨서 준비
   한다.

2 다져서 물과 함께 믹서기로
   간다.

3 간 당근은 체로 거른다.

4 볼에 반죽 재료와 당근즙을
   넣고 피 반죽을 한다.

PART

01

QUEEN OF DIM SUM

냉채와면

흑식초 다시마 무침

다시마는 피로회복에 좋은 재료로, 주로 육수용으로 사용하지만
상큼한 흑식초로 맛을 낸 소스를 이용하여 무쳐도 좋다.

다시마 200g, 쪽파 20g, 홍고추 1개, 고수 20g, 다진 마늘 5g, 식초 소량
소스 식용유 30g, 산초가루 1g, 깨 5g, 생강즙 10g, 흑식초 30g, 소금 1g, 참기름 40g, 치킨 파우더 10g, 간장 15g,
설탕 2g

1 끓는 물에 다시마를 데친다.

2 데친 다시마를 채 썬 후 식초에 버무린다.

3 고수는 뜯어서 준비하고, 홍고추와 쪽파는 송송 썰어 준비한다.

4 분량의 재료를 골고루 섞어서 소스를 만든다.

5 볼에 2, 3, 4를 넣고 버무려 접시에 담는다.

TIP

1. 다시마를 구입할 때는 녹색이 짙고 광택이 있으며 탄력이 있고 두꺼운 것이 좋다. 저열량, 저지방 식품으로 다이어트에 좋고 식이섬유가 풍부하여 포만감을 주며 장운동을 활발하게 해 변비를 예방한다. 또한 칼슘이 풍부하여 뼈를 튼튼하게 한다.

2. 흑식초는 곡물을 원료로 만든 식초로, 일반 식초보다 필수아미노산이 10배가 많고 미네랄은 3배가 높고 진하다. 오랜 시간 자연스럽게 만들어진 진한 색을 나타낸다.

완탕면

라면처럼 친숙한 중국 길거리 음식의 대명사로, 중국식 만둣국, 중국 훈둔이라고 불린다.
중국의 북방 지역 사람들이 동지에 완탕면을 먹는 풍습이 있다.

갈은 삼겹살 100g, 새우 50g, 쪽파 20g, 면 180g, 표고버섯 2개
소스 치킨 파우더 15g, 소금 2g, 백후추 1g, 참기름 40g, 설탕 1g, 굴소스 10g
피 반죽 교자 반죽 23쪽 참고
닭 육수 22쪽 참고

1 교자와 면, 청경채, 표고버섯을 준비한다.(교자 만들기는 58쪽 참고)

2 냄비에 물을 붓고 면을 삶아 준비한다.

3 냄비에 육수를 붓고, 만들어 둔 교자를 넣고 끓인다. 교자가 끓으면 2분간 삶는다.

4 청경채와 표고버섯을 넣고 분량의 소스를 넣어 간을 한다.

5 삶은 면이 담긴 그릇에 끓인 교자를 담아 완성한다.

TIP 면은 따로 끓는 물에 삶아 준비한다.

홍소우육가위면

우육면은 대만이나 중국의 난주 지방에서 많이 먹는 대표적인 면요리로,
소고기와 사골로 만든 육수에 면을 담고 소고기로 고명을 얹어 낸다. 야시장 등의 길거리 음식으로 유명하다.
홍소우육면은 고추기름을 넣어서 매콤한 맛을 즐긴다. 간단히 즐길 수 있도록 재해석하였다.

소고기 200g, 생강 10g, 표고버섯 3개, 죽순 40g, 대파 20g, 팔각 1개, 양파 1개, 청경채 1개, 쪽파 20g, 물 1L

소소 갈릭 고추 소스 30g, 두반장 15g, 고추기름 40g, 식용유 20g, 치킨 파우더 15g, 노두유 5g, 굴소스 15g, 산초가루 2g, 건고추 5개, 백후추 1g

면 반죽 중력분 200g, 소금 1g, 물 100g

1 물에 담가 핏물을 뺀 소고기, 대파, 양파, 생강을 넣고 끓여 육수를 만든다.

2 삶은 소고기와 죽순은 편 썰고, 양파는 채 썰고 건고추는 송송 썰어 준비한다.

3 중력분, 소금, 물을 넣고 반죽해서 면으로 사용할 반죽 덩어리를 만든다.

4 팬에 기름을 두르고 생강, 대파, 마늘, 팔각, 산초가루를 넣고 향을 낸 후 2와 두반장, 갈릭 고추 소스를 넣고 볶는다.

5 1의 육수를 붓고 치킨 파우더, 노두유, 굴소스를 넣고 끓인다.

6 면을 가위로 잘라 넣어 익힌 후 다 익으면 찬물에 헹구어 수분을 뺀다. 면을 그릇에 담고 5를 넣고 육수를 부어 완성한다.

1. 여기에서 사용한 갈릭 고추 소스는 차오텐라죠 갈릭 칠리 소스다.
2. 마라향을 느끼고 싶다면 소스에 월계수잎 1장, 산초 10g, 달걀 1개를 넣는다.

04

토마토탕면

토마토는 슈퍼 푸드로 선정될 만큼 영양가가 높은 채소다.
생으로 먹어도 좋지만 익혀 먹으면 영양가가 더 풍부해진다.
토마토를 익혀 면과 함께 담아내면 한 끼 식사로도 충분하다.

**준비
하기** 토마토 1개, 면 180g, 청경채 2개, 마늘편 3쪽, 대파 1뿌리, 방울토마토(장식용), 양파 30g, 물 1L
소스 케첩 20g, 간장 10g, 청주 10g, 고추기름 30g, 치킨 파우더 15g, 노두유 5g, 설탕 3g, 백후추 2g

1 토마토는 8등분하고, 양파와
대파는 곱게 어슷 썰어 준비
한다.

2 팬에 고추기름을 두르고 마늘
편과 양파를 볶는다.

3 토마토를 넣어 볶다가, 치킨
파우더와 분량의 소스를 넣고
볶는다.

4 끓는 물을 부어 끓인 후 그릇
에 담아낸다.

TIP
1. 마지막에 끓는 물을 넣어 주면 토마토의 모양과 질감을 느낄 수 있다.
2. 익지 않은 토마토는 전자레인지에서 1분 정도 돌려서 사용한다.
3. 소스는 미리 계량하여 섞어 준비한다.

흑식초 무절임

우리나라에서 가장 많이 쓰이는 채소 중 하나인 무는
중국에서도 중국 특유의 무절임으로 많이 사용한다.

준비하기

무 50g, 쪽파 1줄기, 건고추 5개,
생강 10g, 샐러리 1/2대
소스
소금 1g, 간장 20g, 설탕 50g, 흑식초
50g, 노두유 10g, 물 20g, 건고추 소량

TIP

무는 비타민 C의 함량이 높아 겨울
철 비타민 공급원으로 중요한 역할
을 한다. 또한 감기 예방과 소화 기
능 개선, 숙취 해소, 항암 효과, 다이
어트 등 다양한 효능을 갖고 있다.

1 무는 4cm 길이로 자른 후 소
금에 버무려 놓는다.

2 팬에 쪽파, 건고추, 생강, 샐러
리와 분량의 소스를 넣고 끓
인다.

3 1의 무는 물에 씻어 물기를 제
거하고 볼에 담아 2를 넣어 절
인 후 담아낸다.

사천식 량반두부피

요리에서 많이 사용하는 식재료 중 하나인 두부는 누구나 쉽게 접하는 식재료다.
생소하기는 하지만 두부가 익어서 엉길 때 그 겉을 긁어낸 두부피를 사용한 요리가 중국에는 많이 있다.

오이 40g, 불린 목이버섯 20g,
홍 파프리카 40g, 두부피 200g,
마늘 20g

소스

고추기름 30g, 마늘 10알, 치킨 파우더
30g, 산초가루 10g 백후추 2g, 설탕 3g,
고추씨 30g

두부피는 한 번 데쳐서 찬물에 헹
궈 사용하면 냄새도 없어지고 탱글
해진다.

1 두부피, 오이, 홍피망, 목이버
섯을 채 썰고 마늘은 다져 준
비한다.

2 분량의 재료를 골고루 섞어서
소스를 만든다.

3 볼에 1과 2를 넣어 양념이 잘
배이도록 무쳐서 완성한다.

흑식초 해파리 머리무침

바다에서 해파리를 마주하면 두려움의 대상이 되기도 하지만 식탁에서의 해파리는
우리의 입맛을 돋우는 훌륭한 냉채 재료 중 하나다.

준비
하기

해파리 머리 200g, 당근 40g,
샐러리 50g
소스
흑식초 100g, 설탕 50g, 간장 30g, 백후
추 20g, 참기름 20g, 소금 2g

TIP

해파리 머리를 구입할 때는 탄력이
있고 해파리 특유의 냄새가 나는
것이 좋다. 반드시 냉장되어 있는
것을 선택한다.

1 해파리 머리는 흐르는 물에
깨끗이 씻은 후 끓는 물에 데
친다.

2 볼에 손으로 찢은 해파리 머
리와 분량의 소스를 넣어 버
무린다.

3 당근과 샐러리는 곱게 채 썰
어 해파리와 함께 버무려 담
아낸다.

해산물 분사무침

분사는 녹두, 고구마전분 등으로 만든 제품으로 쉽게 붇지 않는다.
주로 탕이나 무침으로 자주 사용한다.

준비하기

분사(중국 실당면) 100g, 새우 30g,
당근 20g, 불린 목이버섯 10g,
파프리카 20g, 양파 20g, 쪽파 10g,
고수 소량
소스
다진 마늘 5g, 고추기름 20g, 소금 2g,
설탕 3g, 노두유 2g, 백후추 2g, 치킨 파
우더 15g, 참기름 4g

1 분사는 물에 불리고, 새우는
물에 데쳐서 준비한다. 고수는
뜯어서 준비하고, 나머지 재
료는 채 썰어 준비한다.

2 분량의 재료를 골고루 섞어서
소스를 만든다.

3 볼에 1과 2를 넣어 버무려 담
아낸다.

흑식초 오이절임

오이는 95%가 수분으로 구성되어 있어 시원한 맛이 특징인 식재료다.
우리나라에서는 생채나 김치, 장아찌 등으로 많이 섭취하며,
서양에서는 주로 샐러드에 들어가거나 피클로 활용된다.

오이 1개, 홍고추 1개, 생강 10g, 팔각 2개
소스
흑식초 100g, 물 100g, 설탕 100g, 간장
40g, 치킨 파우더 2g

TIP
오이는 소금에 절여 수분을 빼면
아삭한 식감을 얻을 수 있다.

1 오이와 홍고추는 씨를 제거한
후 4cm 길이로 자르고, 생강
은 편으로 썰어둔다. 흑식초와
설탕, 간장, 소금은 계량하여
준비한다.

2 볼에 1의 재료를 모두 넣고 절
인 후 담아낸다.

내 마음에 한 점, 점을 찍다. 딤섬

딤섬은 한 입 크기로 먹는 만두 정도로 알려져 있는데, 원래는 중국 남부 광둥 지방의 사람들이 간단하게 먹던 음식에서 비롯되었다. 오늘날에는 고유명사화 되어 수백 가지 종류의 만두와 중국식 페이스트리, 과자들을 대나무 통이나 증기 찜통에 넣어 먹는 것을 의미하는 단어가 되었다. 서구권을 비롯하여 전 세계적으로 대표적인 중국요리로 널리 알려지며 큰 인기를 끌고 있다.

딤섬을 판매하는 전통 방식은 수동 회전초밥과 비슷하다고 생각하면 된다. 딤섬을 가득 실은 카트가 식당 안에서 왔다 갔다 하면 그때그때 원하는 딤섬을 골라서 테이블 위에 놓고 먹는 것이다. 관광객용 식당이나 깔끔한 현대 식당이 아니라 현지인들이 주로 찾는 낡은 식당에 가면 이런 모습이 아직 많다. 일일이 뚜껑을 열어서 내용물을 확인하고 맘에 드는 걸 가져가는데, 번거롭지만 재미있다. 생각보다 기름진 음식들이 많아서 차와 궁합이 잘 맞는다.

요즘 딤섬 요리로 각광받고 메카로 자리매김 하고 있는 곳은 홍콩이다. 전통적인 중국요리와 영국이 시민지배 기간 동안 서구에서 들어온 제과 기술이 결합하여 독특한 딤섬들이 만들어졌기 때문이다. 드물기는 하지만, 베트남 요리 전문점에서도 딤섬을 파는 경우가 있다.

딤섬과 만두의 차이는 무엇인가요?

우리가 만두라고 부르는 형태의 거의 대부분이 딤섬이다. 하지만 딤섬이 곧 만두라는 것은 아니다. 각종 중국식 롤과 떡, 닭발 요리, 국수, 죽 등이 모두 딤섬에 포함된다. 까이단고우(鷄蛋糕), 바바오판(八寶飯), 에그 타르트 등 중국식 과자와 파이들, 망고 푸딩, 순두부를 시럽과 함께 먹는 따우화(豆花)도 딤섬에 포함된다.

PART

02

QUEEN OF DIM SUM

포차와 교자

삼정 포자

삼정(三丁)은 세 가지 신선한 재료를 이용하여 아침에는 신선함을 더하고 새벽이 되면 배가 부르다는 뜻이다.
단호박을 이용하여 피에 색을 주어 재해석하였다.

목살 200g, 닭다리살 200g, 죽순 100g, 돼지고기 A 지방 50g, 물전분 30g

소스 간장 50g, 설탕 20g, 노두유 5g, 소금 1g, 생강즙 30g, 백후추 2g, 청주 20g

피 반죽 밀가루 500g, 물 220g, 이스트 8g, 당근 갈은 것 20g, 소금 1g, 설탕 2g(포자 반죽 23쪽 참고)

닭 육수 22쪽 참고

1 닭다리살, 죽순, 목살은 사방 2cm로 썰어서 준비하고, 분량의 소스를 준비한다.

2 피 재료는 반죽하여 비닐을 덮어서 20분 정도 숙성한다.

3 팬에 기름을 두르고 목살, 닭다리살, 죽순, 지방을 넣고 볶는다.

4 70% 익을 때쯤 분량의 소스와 육수를 넣고 끓인다.

5 물전분을 넣어 농도를 맞춘 후 식힌다.(22쪽 참고)

6 숙성된 피를 동그랗게 밀어서 5의 속재료를 넣는다.

7 피 끝을 잡아 안쪽으로 겹쳐서 접는다.

8 원 모양대로 겹치면서 접는다.

9 끝이 만날 때까지 접어 모양을 만들고 찜기에 5분간 찐다.

나뭇잎 모양 포자

시금치를 갈아 넣어 피 반죽을 하여 녹색을 표현하고
피를 만들어 나뭇잎 모양을 본 떠 만든 포자로 색과 모양이 재미난 딤섬이다.

갈은 삼겹살 200g, 알새우 100g, 돼지고기 A 지방 50g, 양파 40g, 새송이버섯 20g

소스 총장즙 30g, 소금 2g, 백후추 2g, 참기름 40g, 치킨 파우더 30g, 감자전분 30g, 달걀 20g

피 반죽 밀가루 500g, 물 220g, 이스트 8g, 시금치 갈은 것 30g, 소금 1g, 설탕 2g(포자 반죽 23쪽 참고)

1 새우는 씻어서 준비하고, 새송이버섯, 양파는 채 썬다.(21쪽 참고)

2 볼에 1과 분량의 소스를 넣고 한 방향으로 치댄다.

3 1차 숙성된 피 반죽으로 피를 만들고 속재료를 넣는다.

4 정중앙에 속재료가 위치하도록 모아 담는다.

5 끝 쪽부터 가운데로 주름을 잡아준다.

6 오른쪽과 왼쪽을 번갈아 가며 주름을 잡는다.

7 나뭇잎 모양이 나올 수 있도록 끝까지 잡아 완성한 후 찜기에 찐다.

TIP
1. 속재료를 만들 때 감자전분을 마지막에 넣으면 수분을 잡아주기 때문에 모양을 만들 때 편하다.
2. 버섯은 데쳐서 수분을 제거하면 한층 더 식감을 살릴 수 있다.

성젠바오

상하이 요리 중 하나로,
아래는 굽고 위는 찌는 방식으로 고기 속을 채운 포자다.

돼지고기 200g, 짜사이 100g, 샐러리 30g, 표고버섯 2개, 돼지고기 A 지방 200g, 검정깨 소량

소스 총장즙 30g, 노두유 5g, 소금 1g, 치킨 파우더 20g, 굴소스 15g, 백후추 2g, 참기름 40g, 감자전분 15g, 설탕 1g

피 반죽 밀가루 250g, 이스트 3g, 미지근한 물 130g(포자 반죽 23쪽 참고)

1 찌사이는 물에 흔들어 씻어 수분을 제거하고, 샐러리는 다지고 표고버섯은 채 썰어 준비한다.

2 볼에 1과 분량의 소스를 넣고 한 방향으로 치댄다.

3 1차 숙성된 피 반죽을 동그랗게 밀어서 속재료를 넣고 모양을 만든다.

4 끝 쪽을 잡아서 겹치도록 접는다.

5 끝이 만날 때까지 접는다.

6 모양을 완성한다.

7 팬에 기름을 두르고 포자를 지지다가 물을 넣고 뚜껑을 덮어 익힌다. 이때 약불로 익힌다.

8 포자 위에 검정깨를 뿌리고 소량의 물을 넣어 다시 익힌다. 다 익으면 그릇에 담아낸다.

꽃빵

대표적인 중국의 빵으로, 밀가루 반죽을 발효시켜 꽃 모양으로 만들어 찐다.
다른 음식들을 먹을 때 곁들여 먹거나 밥 대신 먹기도 한다.
일반적인 꽃 모양 이외에 여러 모양으로 만들 수 있다.

피 반죽 강력분 500g, 설탕 40g, 이스트 8g, 베이킹 파우더 5g, 소금 2g, 우유 50g, 물 200g

1 볼에 피 반죽 재료를 넣고 미지근한 물과 우유를 넣어 반죽한다.

2 1차 숙성된 반죽을 밀대로 밀어 사각으로 넓게 만든 후 기름을 바른다.

3 양쪽 끝을 돌돌 말아준다.

4 4cm씩 잘라준다.

5 젓가락을 이용해 가운데를 눌러준다.

6 반으로 접어서 다시 눌러준다.

7 모양을 만들고 10분간 2차 숙성을 시킨 후 6분간 찐다.

 TIP 효모를 넣은 온수는 섭씨 30도 정도로 유지하는 것이 좋다. 뜨겁게 달궈진 물에는 효모가 숙성되지 않는다. 효모를 사용한 후 5분간 그대로 두어 효모의 활성화를 촉진시킨 다음 사용한다.

나비빵

1 반죽을 줄 모양으로 길게 밀어서 양 끝을 돌돌 말아준다.

2 가운데서 만날 때까지 말아준다.

3 양 끝을 아래로 내린다.

4 젓가락으로 가운데를 집는다.

5 칼을 이용해 나비의 더듬이가 될 가운데를 자른다.

6 자른 부분을 다듬어 준다.

토끼빵

1 반죽을 젓가락 모양으로 길게 밀어준다.

2 두 개를 붙여서 토끼 모양을 만든다.

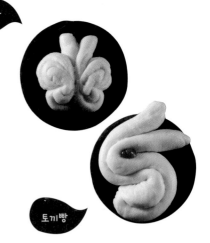

나비빵

토끼빵

장미빵

TIP

포자 반죽(23쪽 참고)시 비트물을
사용하여 반죽한다.

1 지름 10cm 정도로 동그랗게
밀어 준비한다.

2 한 장 한 장 겹치게 붙인다.

3 끝에서부터 동그랗게 말아
준다.

4 반을 잘라 완성한다.

조개빵

1 반죽을 밀대로 밀어서 긴 타
원형으로 만든다.

2 기름을 묻힌 후 가운데를 잡
고 누른다.

3 반을 접는다.

4 조개 모양을 낸다.

14

금은만터우

만터우는 서양의 빵과 비슷한 것으로, 오븐에 굽지 않고 쪄서 만든다.
속을 넣지 않으며 밥 대신 먹는다. 쪄서 내기도 하고 찐 것을 튀겨서 내기도 한다.

박력분 500g, 설탕 100g, 이스트 8g,
베이킹 파우더 3g, 소금 2g, 우유 100g,
물 200g
소스 연유 100g

1 반죽을 돌돌 말아서 3cm씩
  자른다.(포자 반죽 23쪽 참고)

2 자른 덩어리는 찜기에 5분간
  찐다.

3 찐 만터우의 반은 남겨두고
  반은 170도의 기름에서 색이
  변할 때까지 튀긴다.

물교자

교자는 고대 로마시대부터 내려온 음식으로 1800년의 역사를 가진 오래된 음식이다.

갈은 삼겹살 100g, 알새우 100g, 돼지고기 A 지방 20g

소스 총장즙 15g, 치킨 파우더 15g, 참기름 30g, 소금 3g, 설탕 1g, 백후추 5g

피 반죽 교자 반죽 23쪽 참고

1   볼에 분량의 재료와 소스를 넣고 섞어 속재료를 만든다.

2   숙성된 반죽으로 동그란 피를 만든다.

3   물교자를 만들기 위해 동그란 피를 넓게 민다.

교자 만들기 ①

4   넓게 민 피를 사각형 모양으로 자른다.

5   피 중앙에 속재료를 넣는다.

6   피를 반으로 접는다.

교자 만들기 ②

7   피의 양 끝을 교차해서 접는다.

8   피 중앙에 속재료를 넣는다.

9   그대로 접는다.

10 양 끝을 두고 속재료를 말 듯 이 접는다.

11 양 끝을 교차시키다.

교자 만들기 ③

12 피 중앙에 속재료를 넣는다.

13 손가락을 사용해 속재료를 잡 듯이 접는다.

14 젓가락으로 끝을 잡고 누른다.

교자 만들기 ④

15 둥근 피를 이용할 때는 피 중 앙에 속재료를 담는다.

16 반으로 접는다.

17 양 끝을 만나게 접는다. 만든 물교자는 끓는 물에 넣고 떠 오르면 1분 이내로 건져낸다.

물교자

주머니 교자

복주머니 모양으로 빚어낸 교자를 말한다.
교자를 빚을 때 양 끝의 주름을 신경 써서 잡아 주는 것이 중요하다.

갈은 삼겹살 200g, 시금치 100g, 샐러리 50g, 돼지고기 A 지방 50g

소스 총장즙 30g, 달걀 1/2개, 감자전분 30g, 치킨 파우더 20g, 백후추 2g, 참기름 40g, 설탕 1g

피 반죽 교자 반죽 23쪽 참고

1 시금치와 샐러리는 다져서 준비한다.

2 분량의 소스와 재료를 한 방향으로 섞어서 속재료를 만든다.

3 피 중앙에 속재료를 넣는다.

4 양 끝을 잡고 주름을 넣어가며 접는다.

5 양 손을 이용해 모양을 잡아가며 접는다.

6 주머니 교자 모양을 완성하고 4분간 찐다.

이색 교자

교자의 모양을 만들고 토핑을 올릴 수 있는 모양을 만든다.
다양한 색감의 파프리카를 올려 색다른 느낌을 주는 딤섬이다.

새우 400g, 표고버섯 100g, 배추 2장, 돼지고기 A 지방 50g

소스 총장즙 15g, 참기름 40g, 치킨 파우더 20g, 감자전분 30g, 달걀 1/2개, 소금 1g, 백후추 1g, 설탕 2g

토핑 청 파프리카 20g, 홍 파프리카 20g, 노랑 파프리카 20g

피 반죽 교자 반죽 23쪽 참고

1 배추는 채 썰어 소금에 절인다.

2 새우는 손질하고 표고버섯은 얇게 채 썰고 소금에 절인 배추는 수분을 제거하여 준비한다.

3 분량의 재료는 골고루 섞어서 소스를 만든다.

4 피 중앙에 속재료를 넣는다.

5 반을 접으면서 가운데만 눌러 고정시킨다.

6 가로로 돌려서 양 끝이 맞닿도록 누른다.

7 토핑이 올라갈 수 있도록 눌러서 모양을 만든다.

8 토핑은 다져서 구멍에 색깔별로 넣고 찜기에 쪄서 담아낸다.

지진 교자

초승달 모양의 교자를 만들고 찜기에 넣고 쪄낸 후 눈꽃즙과 함께 지져낸 딤섬으로,
맛도 훌륭하지만 모양도 예뻐서 많은 사람들이 좋아한다.

갈은 삼겹살 200g, 불린 샤미 50g, 부추 40g, 대파 30g

눈꽃즙 중력분 10g, 식초 1g, 소금 1g, 물 100g

소스 치킨 파우더 15g, 설탕 1g, 감자전분 15g, 굴소스 20g, 달걀 1/2개, 참기름 50g, 식용유 100g, 백후추 1g

피 반죽 교자 반죽 23쪽 참고

1 피 반죽은 준비해두고, 부추와 대파는 다져서 볼에 담는다.

2 1에 분량의 소스를 넣고 한 방향으로 지댄다.

3 동그란 피를 만들고 중앙에 속재료를 담는다.

4 끝에서 0.5cm만큼 눌러서 모양 만들기를 시작한다.

5 왼쪽 검지로 속을 밀고 오른쪽 검지로 눌러서 모양을 만든다.

6 양 끝을 눌러서 모양을 다듬는다.

7 찜기에서 2분간 70% 정도 익을 만큼 쪄낸다.

8 분량의 재료를 골고루 섞어서 체에 한 번 내려 눈꽃즙을 만든다.

9 팬에 기름을 넉넉히 두른 후 8을 붓고 찐 교자를 넣어 지진다. 이때 타지 않게 약불에서 그물이 생길 때까지 지진다.

19

부추달걀 교자

해독에 좋은 부추를 이용한 교자로,
누구나 좋아하는 볶은 달걀을 섞어 속재료를 만들어 개운하고 고소한 맛이 일품이다.

달걀 2개, 불린 샤미 30g, 부추 50g, 돼지고기 A 지방 30g, 식용유 100g
소스 감자전분 20g, 치킨 파우더 20g, 소금 2g, 설탕 2g, 참기름 50g, 백후추 1g
피 반죽 교자 반죽 23쪽 참고

1 분량의 재료를 준비한다. 샤미 1시간 이상 담가서 불린다.

2 달걀을 풀어서 팬에 볶아준다.

3 불린 샤미를 넣어서 볶아준다.

4 볼에 부추와 볶은 달걀, 돼지고기 A 지방과 분량의 소스 재료를 넣고 치대어 속재료를 만든다.

5 피를 만들어 준비한다.

6 피에 속재료를 넣는다.

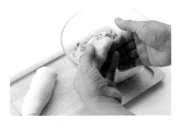

7 반을 접는다.

8 피를 양 손 엄지 사이에 두고 누른다.

9 끓는 물에 삶아 담아낸다.

20

게살 육즙교자

관탕교라고도 불리는 중국 양주의 대표적인 딤섬이다. 모양이 멋있고, 속재료와 육수를 함께
먹는 것이 특징이며 소롱포와 흡사하다. 특징을 살려 재해석하였다.

갈은 삼겹살 200g, 불린 샤미 20g, 돼지고기 A 지방 20g

소스 총장즙 50g, 소금 3g, 참기름 40g, 백후추 2g, 치킨 파우더 30g, 설탕 2g, 달걀흰자 1개

육수 젤리 닭 육수 400g(22쪽 참고), 판 젤라틴 10장, 설탕 20g

피 반죽 중력분 300g, 강력분 150g, 물 200g

1 닭 육수에 불린 판 젤라틴을 넣고 끓여 틀에 넣고 굳힌다.

2 굳으면 다져서 준비한다.

3 분량의 재료와 소스를 넣어 지낸 후 2의 육수 젤리를 넣어 섞는다.

4 피를 손바닥 크기만큼 얇게 밀어서 속재료를 가득 넣어준다.

5 이때 모양은 지진 교자와 같은 방법으로 접어 모양을 만든다.(65쪽 참고)

6 찜기에 넣고 8분간 찐다.

7 냄비에 육수와 생강, 대파를 넣고 끓여 육수를 준비한다. 그릇에 찐 교자를 담고 만들어 둔 육수를 얹어 담아낸다. (22쪽 참고)

그물 교자

닭가슴살과 옥수수, 잣 등으로 속재료로 사용하여 교자를 만들 쪄낸 후
그물즙을 뿌려 지져낸 딤섬이다.

닭가슴살 100g, 옥수수 30g, 잣 20g, 당근 30g, 돼지고기 A 지방 30g

소스 감자전분 30g, 달걀 1/2개, 총장즙 20g, 소금 1g, 치킨 파우더 30g, 설탕 2g, 백후추 1g, 참기름 10g

그물즙 밀가루 50g, 물 200g, 기름 40g

피 반죽 교자 반죽 23쪽 참고

1 모든 재료는 사방 1cm로 썰어서 준비한다.

2 볼에 1과 분량의 소스를 넣고 치대어 속재료를 만들고, 동그란 피를 만들어 속재료를 넣는다.

3 양 끝을 제외하고 일자로 붙인다.

4 양 끝을 양 손 엄지로 눌러서 사각 모양이 나오게 만든다.

5 찜기에 4분간 찐다.

6 분량의 재료를 골고루 섞어서 그물즙을 만든다.

7 팬에 그물즙을 뿌리고 쪄둔 교자를 넣어 지진다.

22

매콤 비빔 교자

기름에 튀겨낸 교자 위에 고추기름 등을 이용한
매운 소스를 뿌려서 먹는 딤섬으로, 특징을 살려 재해석하였다.

청경채 1개, 쪽파 10g

소스 건고추 3개, 굴소스 15g, 고추기름 30g, 백후추 2g, 설탕 1g , 산초가루 1g, 검은콩 소스 10g, 치킨 파우더 5g

피 반죽 교자 반죽 23쪽 참고

1 교자와 재료를 준비한다.(58쪽 참고)

2 팬에 기름을 붓고 교자를 튀겨낸다.

3 팬에 고추기름을 두르고 준비한 채소와 분량의 재료로 만든 소스를 넣고 볶아준다.

4 튀겨낸 교자를 그릇에 담고 3을 뿌린다.

검은콩 소스는 쉽게 말해 고추기름을 말한다.

QUEEN OF DIM SUM

수정교자

커스터드 수정교자

우유, 생크림, 달걀이 주재료로 디저트에 많이 사용한다.
중식으로 재해석하여 밀가루를 섞어 농도를 맞추고 속재료로 만들어 사용한 딤섬이다.

커스터드 속재료 밀가루 150g, 설탕 100g, 생크림 300g, 연유 30g, 우유 300g, 옥수수 가루 30g, 달걀 2개
피 반죽 수정교자 반죽 24쪽 참고

1 분량의 재료를 준비한다.

2 볼에 분량의 재료를 넣어 섞은 후 체에 내려 틀에 담는다.

3 찜기에 15분간 찐다.

4 수정교자 반죽해서 피를 만든다.

5 찜기에서 꺼낸 속재료는 식혀서 치대어 만들고, 피의 중앙에 속재료를 넣는다.

6 양 손을 이용하여 삼각형으로 접는다.

7 손으로 눌러 모양을 만들고 찜기에 3분간 찐다.

 TIP 커스터드 속재료는 분리되지 않도록 잘 저어 섞어준다.

삼색 수정볼

다양한 앙금과 투명한 피를 활용해 간단하면서도 예쁜 교자를 만들 수 있다.
우리나라의 경단 같은 느낌이다.

팥앙금 100g, 완두앙금 100g, 고구마앙금 100g
피 반죽 수정교자 반죽 24쪽 참고

1 앙금류를 준비한다.

2 수정교자 반죽을 준비하고, 앙금은 종류별로 동그랗게 모 양내어 준비한다.

3 피에 색깔별로 앙금을 넣어서 동그랗게 모양을 낸다.

4 피의 중앙에 준비해 둔 속재 료를 넣는다.

5 엄지와 검지를 이용해 동그랗 게 만든다.

6 불필요한 부분은 떼어낸다.

7 좀 더 동그랗게 모양을 다듬고 찜기에 3분간 찐다.

조개 수정교자(하가우)

신선한 새우를 넣어 한 입 크기로 빚어 쪄낸 하가우
중국 광동 지역의 대표적인 딤섬으로, 쉽게 즐길 수 있도록 재해석하였다.

새우 400g, 죽순 50g, 돼지고기 A 지방 50g, 물밤 30g

소스 치킨 파우더 30g, 달걀 1개, 감자전분 30g, 소금 1g, 설탕 2g, 참기름 40g, 백후추 2g

피 반죽 수정교자 반죽 24쪽 참고

1 새우는 손질하여 준비하고 모든 재료는 채 썬다.(21쪽 참고)

2 볼에 1과 분량의 소스를 넣고 한 방향으로 으깨면서 치댄다.

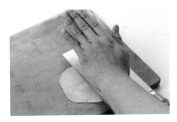

3 끓는 물로 반죽하고 밀어서 피를 준비한다.

4 피의 중앙에 속재료를 넣는다.

5 피의 끝을 1cm 가량 누른다.

6 왼쪽 검지로 밀면서 주름을 잡는다.

7 마지막 끝부분도 1cm 가량 눌러서 모양을 만들고 찜기에 4분간 찐다.

 피를 반죽할 때 반드시 100도 이상 끓인 물로 반죽해야 투명도가 살고 찰지다.

26

배추 수정교자, 장미 수정교자

배추 수정교는 푸른 색소를 입혀 피에 색감을 주고,
장미 수정교는 붉은 색소를 입혀 색감을 살렸다.
속재료는 조개 수정교자(하가우)와 동일하다.

조개 수정교자 81쪽 참고

배추 수정교자

1 피와 속재료를 준비한다.

2 피 중앙에 속재료를 넣는다.

3 피가 속재료를 감싸듯 접는다.

4 감싸면서 헤라로 속재료를 한 쪽으로 밀어준다.

5 끝 쪽을 빼고 감싸면서 자연 스레 접는다.

6 비스듬히 중심을 잡아 모양이 완성되면 찜기에 넣고 4분간 찐다.

 TIP 반죽에 색소를 입혀 다양한 모양으로 만들 수 있다.

장미 수정교자

1 피 중앙에 속재료를 넣는다.

2 속재료를 감싸듯 오무려 감싸
 준다.

3 매끄러운 부분을 위로 보게
 둔다.

4 집게를 이용해 돌아가며 집어
 준다.

5 장미꽃 모양이 완성되면 찜기
 에 넣고 3분간 찐다.

장미
수정교자

딤섬의 세계는 무한하다

딤섬은 한 입 크기로 먹는 간식이자 음식으로 피 반죽의 재료나 형태, 조리법과 지역에 따라 분류할 수 있다. 중국요리의 특징인 다양한 식재료와 화려한 색감, 모양과 조리법 등 그동안 우리가 알고 있던 만두 개념의 딤섬이 아니다. 밥이나 면, 푸딩, 에그 타르트, 도넛 등 넓은 영토만큼이나 다양한 딤섬이 존재한다.

딤섬의 종류

- **짠쥬가이**_ 찹쌀에 닭고기 등을 섞어 잎에 싸서 찐 밥
- **챠슈빠우**_ 단맛이 나는 양념을 한 돼지고기를 넣은 만두
- **하가우**_ 새우를 넣고 투명하고 얇은 피로 싼 만두
- **슈마이**_ 돼지고기나 새우 등을 달걀피로 싼 만두
- **망고 푸딩**_ 찰랑찰랑한 남국의 맛으로 표현되는 망고 푸딩
- **춘권**_ 고기와 채소 등을 밀가루에 말아 튀겨낸 것
- **산쪽우욕**_ 소고기 경단과 비슷하다.
- **창펀**_ 속에 돼지고기나 새우를 넣고 매끄러운 피로 싼 것
- **딴타**_ 에그 타르트의 한 종류로, 우리나라의 에그 디르트와는 다른 맛이다.
- **쩐주노미완자**_ 우리나라 찹쌀 도넛과 비슷한 모양으로 속에는 고기를 넣은 것

   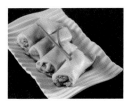

딤섬의 모양

- **교**_ 작고 투명하다. 지진 교자, 소롱포가 대표적이다.
- **포**_ 껍질이 두툼하고 폭신하다. 꽃빵, 찐 포자가 대표적이다.
- **마이**_ 윗부분이 뚫려 속이 보인다. 샤오마이가 대표적이다.
- **펀**_ 얇은 쌀가루 전병에 속재료를 넣어 말아 부친 형태로 창펀이 대표적이다.

27

날치알 수정교자

톡톡 터지는 날치알을 이용하여 꽃 모양을 만들어 보기에도 좋고 맛도 좋은 수정교자를 만들 수 있다.
날치알 수정교자는 적은 양의 날치알을 사용하기 때문에 남은 재료는 냉동실에 넣어 보관한다.

새우 200g, 죽순 30g, 돼지고기 A 지방 50g, 날치알 50g

소스 감자전분 30g, 치킨 파우더 30g, 설탕 2g, 백후추 1g, 소금 1g, 참기름 40g

피 반죽 수정교자 반죽 24쪽 참고

1 새우는 손질하여 준비하고 죽
  순은 채 썬다.

2 볼에 1과 분량의 소스를 넣고
  한 방향으로 으깨면서 치대어
  속재료를 준비한다.

3 피를 준비한다.

4 피 중앙에 속재료를 넣는다.

5 속재료를 감싸듯 오무려 감싸
  준다.

6 동그랗게 다듬고 매끄러운 부
  분이 위로 보이게 둔다.

7 피를 소량씩 뜯어서 동그랗
  게 비빈 후 누른 것을 여러 장
  만들고 중심에 한 장 한 장 붙
  인다.

8 꽃 모양을 만들 듯 겹쳐 붙이
  고 찜기에서 7분간 찐다.

TIP

날치알은 먹기 직전에 해동하여 사
용한다. 날치알 특유의 비린 맛을
제거하기 위해 흐르는 물에 씻어
짠맛을 없애고, 물기를 제거한 후
화이트와인이나 청주에 5분간 담
가둔다.

삼색 교자

삼각형의 교자를 만들어 속재료로 사용한 완두콩과 옥수수, 홍 파프리카를 올려 다양한 색감의
교자를 만들 수 있다. 중국에서 붉은 색은 행운, 복, 성공을, 노란색은 황제, 황금, 부유함을 뜻한다.

완두콩 50g, 옥수수 50g, 잣 30g, 돼지고기 A 지방 50g

소스 감자전분 30g, 달걀 1/2개, 소금 1g, 치킨 파우더 30g, 백후추 2g, 설탕 2g

피 반죽 수정교자 반죽 24쪽 참고

1 완두콩과 옥수수는 수분을 제 거하여 준비한다.

2 볼에 1과 분량의 소스를 넣고 치대어 속재료를 만든다.

3 피에 속재료를 넣는다.

4 삼각형으로 접는다.

5 각 모서리를 중심에 맞추듯 고정시킨다.

6 삼각면을 모두 중심으로 고정 시킨 후 다시 모서리를 만든다.

7 속재료인 완두콩, 옥수수와 다른 색감의 파프리카를 넣고 모양을 만든 후 찜기에서 3분 간 찐다.

토끼 모양 교자

수정교자 반죽을 밀어 피를 만들고 속재료를 넣어 토끼 모양을 만들어 쪄낸 딤섬이다.
수정교자는 다양한 모양과 형태를 만들 수 있다.

새우 400g, 부추 100g, 쪽파 50g, 샐러리 30g, 돼지고기 A 지방 50g
소스 감자전분 30g, 달걀 1/2개, 설탕 1g, 치킨 파우더 30g, 백후추 2g, 참기름 40g
피 반죽 수정교자 반죽 24쪽 참고

1 새우는 손질하고 부추, 쪽파, 샐러리는 다진다.(21쪽 참고)

2 볼에 1과 분량의 재료를 넣고 한 방향으로 치대어 속재료를 만든다.

3 피를 밀어 준비한 속재료를 중앙에 넣는다.

4 끝부분의 1cm를 눌러 주름잡기를 시작한다.

5 왼쪽 검지로 피를 밀어 주름을 잡는다.

6 조개 모양과 비슷하게 만든다.

7 양 끝 부분을 합쳐서 길게 빼준다.

8 가운데를 가위로 잘라서 귀를 만든다.

9 뒤집어서 세운 후 검정깨를 이용해 눈을 붙이고 찜기에서 4분간 찐다.

30

타피오카 수정교자

타피오카는 카사바의 덩이뿌리에서 채취한 녹말이다. 덩이뿌리의 껍질을 벗겨 곱게 빻은 후
물에 넣으면 건더기가 가라앉는데 이때 가라앉은 건더기를 건져서 말린 것이다.
타피오카는 1g당 2~3칼로리의 낮은 칼로리로 다이어트 식품으로 좋다.

타피오카 30g, 감자전분 30g, 팥앙금 100g

1 감자전분과 팥앙금을 준비한다.

2 타피오카는 물에 30분간 불려 준비한다.

3 팥앙금은 둥글게 빚어 감자전분과 타피오카를 묻힌다.

4 찜기에서 5분간 찐다.

 타피오카를 사용할 때 미리 물에 불려 놓지 않으면 찌는 시간도 길어지고 투명도가 낮아진다.

PART

04

QUEEN OF DIM SUM

마이와 작(튀기)

샤오마이

밀가루 반죽을 꽃 모양으로 빚어 만든 속이 보이는 딤섬으로 마이로 분류된다.

새우 200g, 돼지고기 등심 100g, 표고버섯 50g, 죽순 40g, 돼지고기 A 지방 100g

소스 총장즙 15g, 감자전분 30g, 소금 1g, 설탕 2g, 치킨 파우더 35g, 백후추 1g, 참기름 40g, 청주 20g

피 반죽 마이 반죽 24쪽 참고

1 돼지고기 등심, 죽순, 표고버 섯은 사방 1cm로 썰어서 준비 한다.(21쪽 참고)

2 볼에 1과 분량의 소스를 넣고 손으로 으깨면서 한 방향으로 치댄다.

3 피 반죽과 속재료를 준비한다.

4 동그랗게 피를 밀어 준비하고, 피 중앙에 속재료를 넣는다.

5 헤라를 사용해 뒤집는다.

6 엄지와 검지 사이에 얹어 모양 을 만들고 찜기에 4분간 찐다.

1. 피에 속재료를 넣어 완성할 때 피를 덮는 식으로 쌓아야 찌고 나서도 피가 마르지 않는다.

2. 피 반죽시 밀가루 500g 기준으로 뜨거운 물 150g, 찬물 150g을 넣어 반죽하면 찰진 식감을 얻을 수 있다.

버섯 샤오마이

식감이 좋은 버섯을 속재료로 사용하여 만들어도 좋다.

새우 200g, 갈은 삼겹살 100g, 게살 50g, 물밤 40g, 돼지고기 A 지방 50g, 불린 목이버섯 40g

소스 총장즙 30g, 감자전분 30g, 치킨 파우더 30g, 백후추 2g, 설탕 2g, 소금 1g, 청주 30g, 참기름 30g, 달걀 1개

피 반죽 마이 반죽 24쪽 참고

1 물밤, 목이버섯은 다져서 준비한다.

2 볼에 1과 분량의 소스를 넣고 손으로 으깨면서 한 방향으로 치댄다.

3 피 반죽과 속재료를 준비한다.

4 사각형의 피를 밀어 준비하고 피 중앙에 속재료를 넣는다.

5 헤라를 사용해 뒤집는다.

6 엄지와 검지 사이에 얹어 모양을 만든다.

7 찜기에서 4분간 찐다.

 TIP 다양한 버섯을 사용할 때 미리 데쳐서 수분을 제거하는 것이 좋다.

33

찹쌀 샤오마이

물에 불린 찹쌀을 이용하면 든든한 한 끼 식사로 좋다.
찹쌀은 멥쌀보다 찰져 소화기능이 약한 사람에게 좋고, 비만 예방에 좋다.

찹쌀 200g, 불린 샤미 30g

소스 생강즙 30g, 치킨 파우더 15g, 참기름 40g, 간장 10g, 설탕 2g, 노두유 1g, 백후추 2g

피 반죽 마이 반죽 24쪽 참고

1 찹쌀은 3시간 물에 불려 찜기에 찌고, 분량의 소스 재료는 골고루 섞는다.

2 볼에 찹쌀과 소스를 넣고 치댄다.

3 2에 샤미를 넣고 섞는다.

4 둥근 피를 준비하고 속재료를 중앙에 넣는다.

5 검지와 엄지로 잡아서 모양을 만들고 찜기에서 4분간 찐다.

1. 찹쌀을 찔 때 일반적으로 밥을 할 때보다 밥물의 양을 적게 잡는다.
2. 채소나 육류를 더하면 식감이 살고 모양이 더 좋아진다.

34

찹쌀 튀김

찹쌀가루로 반죽을 하여 팥앙금과 커스터드 속재료를 넣어 모양을 만들고 기름에 튀겨낸 딤섬이다.
바삭한 식감을 얻을 수 있다.

팥앙금 100g, 커스터드 속재료 100g(77쪽 참고)
피 반죽 찹쌀가루 250g, 밀전분 75g, 설탕 40g, 물 250g

1 피 반죽 재료를 섞고 체에 내려 익반죽하고 속재료를 준비한다.

2 동그랗게 피를 밀고 준비한 속재료를 넣는나.

3 반으로 접는다.

4 끝에서부터 접는다.

5 반에서 끝으로 접어서 각을 준다.

6 끝을 빼서 누른다.

7 170도 기름에 튀겨 그릇에 담아낸다.

 TIP 너무 오래 튀기면 피가 딱딱해서 먹기 힘들다.

수

밀가루 반죽사이에 버터나 돼지기름을 넣어 반복되는 결을 만들어
고소하고 담백한 맛을 내는 딤섬이다.

팥앙금, 식용유, 달걀물 혹은 물
피 반죽 수 반죽 25쪽 참고

꽃 수

1 재료를 준비한다.

2 동그린 피를 준비하고 피 중
  앙에 팥앙금을 넣는다.

3 오각형이 되도록 접는다.

4 가위로 윗 부분을 잘라준다.

5 달걀물을 묻혀서 중심으로
  모아 접는다.

6 가위로 두 번씩 잘라준다.

7 지그재그로 교차해서 붙여
  준다.

8 모양을 잡고 150~160도의 기
  름에서 서서히 튀겨준다.

꽃 수

무 1/2개, 불린 샤미 50g, 돼지고기 A 지방 50g, 쪽파 20g

소스 디진 마늘 30g, 참기름 30g, 설탕 2g, 소금 1g, 치킨 파우더 30g, 백후추 1g,
    참기름 40g

피 반죽 수 반죽 25쪽 참고

전복수

전복 수

1 무는 채 썰고 쪽파는 다져서
  준비한다.

2 채 썬 무는 끓는 물에 데친다.

3 볼에 1과 수분을 제거한 무와
  분량의 소스 재료를 넣고 치
  대어 속재료를 만든다.

4 피를 만들고 틀에 찍어 준비
  한다.

5 피 중앙에 속재료를 넣는다.

6 같은 모양의 피를 덮어서 붙
  인다.

7 잘 붙도록 달걀물을 가장자리
  에 묻힌다.

8 접으면서 반만 눌러 각을 준
  다. 타원형 모양대로 돌려 접
  는다.

9 150~160도 기름에 튀겨낸다.

깨 수

1 피를 사각으로 자른 후 속재
료를 담는다.

2 끝에 달걀물을 묻혀서 김밥을
싸듯 돌돌 말아준다.

3 양 끝을 눌러서 막아준다.

4 양 끝에 달걀물을 묻힌 후 깨
를 묻힌다.

5 150~160도 기름에 튀겨낸다.

깨 수

 TIP 달걀물이 접착제 역할을 한다.

채소 춘권

여러 모양과 크기를 지닌 춘권은 수세기에 걸쳐 아시아에서 유행하는 간식거리다.
중국에서 봄에 열리는 신년 행사인 춘절에서 먹었다 하여 춘권으로 불린다고 알려져 있다.

당근 50g, 샐러리 40g, 닭가슴살 100g, 마늘 20g
소스 다진 마늘 20g, 굴소스 30g, 고추기름 15g, 치킨 파우더 10g, 참기름 15g, 백후추 1g, 설탕 3g
피 춘권피, 밀가루풀(물 1 : 밀가루 1)
물전분 물 50g, 감자전분 50g

1 당근과 샐러리, 닭가슴살은 채 썰어 준비한다.

2 팬에 마늘을 볶아 마늘 향을 낸다.

3 닭가슴살을 넣어 볶는다.

4 3에 1을 넣고 분량의 소스를 넣어 볶는다.

5 물전분을 넣어 농도를 맞춘다.(22쪽 참고)

6 준비해둔 춘권피 위에 볶은 속재료를 넣는다.

 춘권피를 떼어서 보관하면 말라버리기 때문에 봉지에 넣어 밀봉한다.

7 춘권피 모서리 부분에 밀가루 풀을 바른다.

8 모양대로 접는다.

9 양 끝의 길이를 맞추어 가며 접는다.

10 돌돌 말아준다.

11 일정한 크기로 만든다.

12 160~170도 기름에 넣고 색이 변할 때까지 튀긴다.

TIP 수분이 많으면 춘권피가 금방 찢어진다.

채소 춘권

딤섬에 중국을 담다

중국은 넓은 영토를 가지고 있으며, 각 지역의 기후, 풍토 등의 차이로 인해 다양한 특징이 있다. 또한 경제, 지리, 사회, 문화 등에서 많은 차이를 보인다. 특히 각 지역별 영향을 반영하여 4대 요리가 형성되었는데, 황허강 유역과 기타 북방의 베이징 요리, 양쯔강 하류의 상하이 요리, 양쯔강 중상류의 사천(쓰촨) 요리, 주강 유역의 광둥요리가 대표적이다.

베이징 요리

'청 요리'로 불릴 만큼 청나라때 많은 발전을 하였다. 이 지역은 밀의 생산이 많아 면류·만두·전병의 종류가 많다. 대표적인 음식은 베이징 오리 요리이고, 우리나라에서 흔히 볼 수 있는 중국집은 대부분 베이징 요리법을 따르고 있다.

상하이 요리

상하이는 비교적 바다와 가깝기 때문에 해산물을 많이 이용한다. 음식의 색이 화려하고 선명하며, 간장과 설탕을 써서 진하고 달콤하며 기름지게 만드는 것이 특징이다

사천(쓰촨) 요리

중국의 곡창 지대로 유명하며, 해산물을 제외한 사계절 산물이 풍부하다. 야생 동식물이나 채소류, 민물고기를 주재료로 향신료를 많이 쓴 요리가 발달하여, 마늘·파·고추를 사용한 매운 요리가 많나. 누룽지딩, 마파두부 등이 대표적이다.

광둥(廣東) 요리

기후가 온화하고 재료가 풍부해서 오래전부터 요리가 발달한 곳이다. 서유럽의 영향으로 소고기, 서양 채소, 토마토케첩 등 서양의 재료와 조미료를 받아들여 독특한 요리 문화가 발전하였다. 간을 싱겁게 하고 기름을 적게 써 가장 대중적인 요리로 꼽힌다 중국 요리의 보석으로 꼽히는 딤섬도 광둥 요리다.

지역별 딤섬

- **상해** 양자강 유역에서 나오는 풍부한 해산물과 미곡, 따뜻한 기후를 바탕으로 맛이 비교적 담백하고 기름기가 많으며 진하다. 샤오롱바오가 대표적이다.
- **광동** 해산물 요리가 많으며 맛이 담백하다. 일반적으로 접하는 중국요리는 광동 요리라고 할 만큼 대중적이다. 에그 타르트와 수정교자가 대표적이다.
- **강소** 지역적으로 풍부한 식재료를 얻을 수 있으며, 맛이 담백하고 여러 계절의 식재료 맛을 살리는 것을 중요하게 생각한다. 관탕교가 대표적이다.
- **산둥** 향기롭고, 짜고, 씹는 맛은 부드럽고, 색감이 화려하며, 구조는 섬세하다. 바다가 가까워 생선과 어패류를 사용한 요리가 많다.

37

삼각 춘권

춘권을 삼각형으로 접어서 튀겨낸 딤섬이다.

게살 100g, 돼지고기 A 지방 50g, 빈스 50g,
소스 치킨 파우더 30g, 감자전분 15g, 참기름 40g, 소금 1g, 설탕 2g, 백후추 1g
피 춘권피, 밀가루풀(물 1 : 밀가루 1)

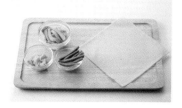

1 빈스와 게살, 돼지고기 A 지방을 준비한다.

2 볼에 송송 썬 빈스와 게살과 돼지고기 A 지방, 분량의 소스 재료를 넣고 치댄다.

3 춘권피에 속재료를 담는다.

4 양 끝을 삼각형으로 겹쳐서 접는다.

5 반으로 접는다.

6 밀가루풀을 바른다.

7 양쪽을 중심으로 접어준다.

8 팬에 기름을 붓고 160~170도의 온도에서 춘권의 색이 변할 때까지 튀긴다.

38

매콤 새우 스틱 춘권

새우에 고추기름과 갈릭 고추 소스를 넣어
매콤하게 만든 속재료를 춘권피로 싸서 만든 딤섬이다.

새우 400g, 배추 20g, 죽순 40g, 돼지고기 A 지방 50g, 쪽파 20g

소스 고추기름 30g, 갈릭 고추 소스 30g, 감자전분 15g, 백후추 1g, 설탕 2g, 소금 1g, 참기름 40g

피 춘권피, 밀가루풀(물 1 : 밀가루 1)

1 새우는 손질하여 물기를 제거
하고, 죽순과 배추는 채 썰고,
쪽파는 송송 썰어 준비한다.

2 볼에 1과 분량의 소스를 넣고
새우를 으깨면서 치댄다.

3 준비해둔 춘권피의 중앙에 속
재료를 길게 넣는다.

4 춘권피 사방에 밀가루풀을 발
라준다.

5 춘권피는 반으로 접고 가늘고
길게 말아준다.

6 일정한 굵기로 말아준 후
160~170도의 기름에 넣고 색
이 변할 때까지 튀긴다.

TIP 밀가루풀을 꼼꼼히 발라야 튀길 때 예쁜 모양을 얻을 수 있다.

사자머리

채 썬 춘권피를 묻혀서 튀긴 모양이
사자의 머리를 닮았다고 해서 유래된 이름이다,

 준비하기

오징어 100g, 물밤 10g, 옥수수 50g,
감자전분 15g, 식용유 1000g
소스
굴소스 5g, 고추기름 15g, 치킨 파우더
10g 참기름 20g, 설탕 3g, 백후추 1g
피 춘권피 20장

 TIP

속재료를 10분 이상 치대야 끈기가
생겨 식감이 좋다.

1 춘권피는 한 장씩 떼어서
5cm 길이로 채 썰고, 물밤은
다지고, 오징어는 갈아서 준
비한다.

2 볼에 1과 분량의 소스를 넣어
서 한 방향으로 치대어 속재
료를 만든다.

3 속재료는 동그랗게 만들어 채
썬 춘권피를 묻혀준다. 170도
의 기름에 튀겨 담아낸다.

카이커우샤우

반죽 재료를 모두 섞어 적당한 모양으로 빚어 깨를 묻혀 튀겨낸 딤섬으로,
고소한 맛이 최고다.

강력분 75g, 박력분 340g, 버터 38g,
설탕 150g, 달걀 150g,
베이킹 파우더 11g

오븐을 사용할 경우 160도에서 8
분간 굽는다.

1 재료를 모두 섞어서 반죽한
후 30분 정도 숙성시킨다.

2 반죽을 분량의 크기로 잘라
서 동그랗게 빚은 후 깨를 묻
힌다.

3 팬에 기름을 넣고 튀긴다. 이
때 온도는 170도가 알맞다. 딤
섬이 떠오르면 건져내서 남은
열로 익힌다.

수정교자 튀김

수정교자를 찌면 밀전분의 특성인 쫀득한 식감을 느낄 수 있다.
하지만 튀긴 수정교자는 찐 수정교자와는 다른 독특한 식감을 즐길 수 있다.

새우 200g, 게살 100g, 돼지고기 A 지방 50g
소스 굴소스 30g, 감자전분 20g, 달걀 흰자 1개, 소금 1g, 설탕 2g, 백후추 1g
피 반죽 수정교자 반죽 24쪽 참고

1 재료를 준비한다.

2 분량의 재료는 골고루 섞어서 소스를 만든다.

3 볼에 분량의 재료와 소스를 넣어 치댄 후 만들어 둔 피에 속재료를 넣는다.

4 끝부분을 1cm 정도 누르고, 왼쪽 검지로 밀면서 주름을 잡고, 마지막 끝부분도 1cm 정도 눌러 모양을 만든다.

5 팬에 기름을 붓고 170도에서 튀겨 완성한다.

 기름 온도가 너무 높으면 속은 익지 않고 겉만 익을 수 있기 때문에 주의한다.

도깨비 방망이

식빵을 이용하여 낮은 온도의 기름에 서서히 튀겨내는 딤섬으로
멘보샤와 비슷하다.

새우 400g, 물밤 50g, 죽순 100g, 돼지고기 A 지방 50g, 식빵 5장
소스 감자전분 30g, 치킨 파우더 15g, 참기름 10g, 설탕 2g, 소금 1g, 백후추 1g, 달걀 1/2개, 참기름 20g

1 물밤, 죽순, 돼지고기 A 지방은 다지고 다른 재료도 준비한다.

2 볼에 1을 넣고 분량의 소스 재료를 넣고 한 방향으로 치댄다.

3 속재료를 만들고 식빵은 사방 2cm로 썰어서 준비한다.

4 속재료를 수저로 동그랗게 말아서 자른 식빵을 겉에 묻힌다.

5 자른 식빵이 꼼꼼히 잘 묻도록 준비한다.

6 팬에 기름을 붓고 서서히 튀긴다. 이때 기름 온도는 160~180도가 적당하다. 약한 불에서 중불로 이동하고 돌려가며 튀겨준다.

 너무 센불에서 튀기면 식빵이 타고 너무 약한 불에서 튀기면 식빵에 기름이 흡수되어 느끼하다.

QUEEN OF DIM SUM

다양한 딤섬

43

쌀가루 전병

청펀은 광동 지역에서는 '티피코(tipico)'라고도 불린다. 청펀은 짠맛과 단맛의 두 종류 청펀이 있는데,
돼지고기, 소고기, 새우, 돼지 간 등이 들어간 것은 짠맛이고, 설탕물에 재운 채소나 과일에 볶은 참깨를
위에 올린 것은 단맛이 난다. 어려운 기술을 필요로 하지만, 특징을 살려 쉽게 할 수 있는 방법으로 재해석하였다.

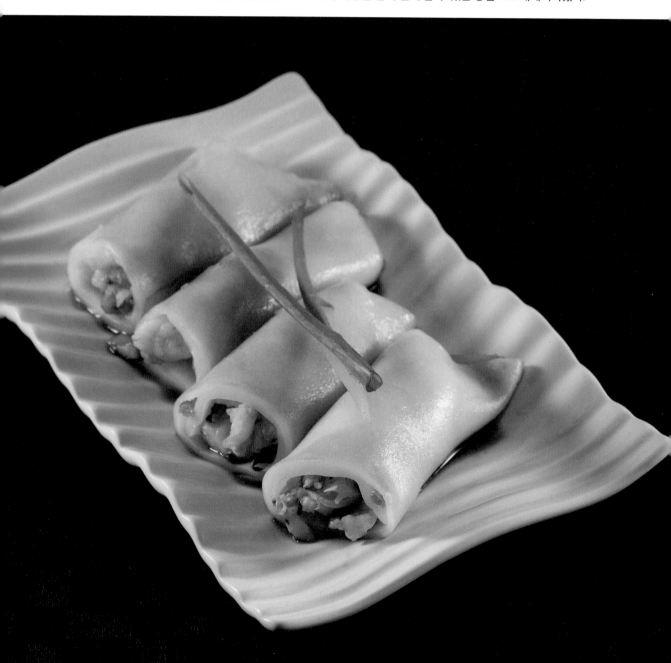

준비 하기 새우 200g, 죽순 40g, 표고버섯 2개, 불린 샤미 30g, 돼지고기 A 지방 20g

소스 1 치킨 파우더 30g, 감자전분 10g, 참기름 20g, 백후추 5g, 설탕 3g

소스 2 간장 30g, 물 30g, 백후추 2g, 설탕 10g, 노두유 10g, 쪽파 20g, 생강 20g, 표고버섯 1개

피 반죽 찹쌀가루 30g, 감자전분 100g, 밀전분 30g, 물 200g, 기름 100g

1 새우는 손질하고, 죽순과 표고버섯은 채 썬다.(21쪽 참고)

2 1과 소스 1 재료를 배합하어 손으로 으깨면서 한 방향으로 치대어 속재료를 만든다.

3 분량의 피 반죽 재료를 모두 넣어 골고루 섞는다.

4 반죽을 체로 거른다.

5 찜기를 가열한 후 은박 접시를 깔고 체에 거른 피 반죽을 얇게 펴준다.

6 얇게 핀 피 위에 2를 넣고 5분간 찐다.

 TIP 원래는 실크 천을 기름에 30분간 담갔다가 피 반죽을 펴서 쪄내면 얇고 일정한 두께의 피를 얻을 수 있다.

7 피와 속재료가 쪄지면 피를
돌돌 말아준다.

8 분량의 소스 2 재료를 골고루
섞어서 소스를 만든다.

9 팬에 생강, 쪽파, 표고버섯을
넣고 태우기 직전까지 볶는다.

10 9에 7을 넣고 끓여준다.

11 체로 걸러 소스를 만들고, 미
리 만들어 둔 쌀가루 전병 위
에 뿌린다.

맛있는 딤섬을 먹다

딤섬은 속재료와 피의 종류, 모양에 따라 다양한 맛을 나타내지만, 만들어진 딤섬을 어떻게 조리하는 지에 따라 같은 딤섬이라도 식감과 질감의 차이를 느낄 수 있다. 딤섬의 종류는 많지만, 사용하는 조리법은 거의 정해져 있는 편이다.

자(煮)
끓인 물에 딤섬을 넣어 익혀낸다. 가장 편리하여 많이 사용되는 조리법이다. 물교사가 내표적이다.

자(炸)
찜기에 쪄낸 후 튀기는 방식으로, 포자와 같이 발효를 해서 익힌 딤섬을 조리하는 깃에 쓰이는 조리법이디.

증(蒸)
찜기에 넣어 뚜껑을 닫고, 불을 켠 후 물의 찜기열을 이용해서 찌는 법이다.

작(炸)
프라이팬에 기름을 넣고 튀기는 방식으로 딤섬의 종류에 따라 기름온도를 다르게 하여 조리한다.

전(煎)
소량의 기름을 넣은 팬에 약불로 한 면을 황갈색이 나도록 익힌 후 다른 면을 금갈색이 나도록 지지는 조리법이다.

전(剪)
찜기에서 완전히 익힌 딤섬을 팬에 소량의 기름으로 두 면을 금갈색이 나도록 지지는 방식이다.

44

무떡

중국의 춘절에 먹는 전통 음식으로, 찐 다음에 바로 먹는 전통식 무떡이 있고
찐 무떡을 잘라 기름에 다시 한 번 지져내는 광동식이 있다.

무 300g, 불린 샤미 20g, 표고버섯 3개, 돼지고기 A 지방 100g
소스 굴소스 15g, 참기름 40g, 소금 1g, 다진 마늘 20g, 치킨 파우더 30g
피 반죽 찹쌀가루 250g, 감자전분 50g, 물 250g, 기름 100g

1 무는 껍질을 제거하고 채 썰 어 소금에 절인다.

2 표고버섯은 채 썰고 절인 무 채는 수분을 제거하여 재료를 준비한다.

3 분량의 피 반죽 재료를 골고 루 섞어 반죽한다.

4 볼에 2와 3을 넣고 섞는다.

5 틀에 넣고 찜기에 40분간 찐다.

6 꺼내서 먹기 좋은 크기로 썰 어서 준비한다.

7 팬에 기름을 두르고 지진다.

1. 취향에 따라 호박이나 다른 채소를 첨가하면 영양가를 높일 수 있다. 단 샤미의 향이 강하기 때문에 해산물보다는 육류를 첨가하는 것이 좋다.
2. 지질 때 기름의 양을 넉넉히 사용하여야 고소함과 풍미가 좋다.

러우위

중국 남방의 전통 간식으로 밀가루, 전분 등을 이용하여 만들 수 있으며, 재료를 다양하게 넣어 만들 수 있다.
전통적인 간식 중 하나로 생선을 넣어 만든 것은 아니지만 작은 물고기와 모양이 비슷해서 붙여진 이름이다.
특징을 살려 재해석하였다.

다진 마늘 15g, 오이 40g, 적채 30g, 당근 40g, 채 썬 삼겹살 50g, 건고추 50g
소스 간장 20g, 땅콩버터 20g, 식초 10g, 다진 마늘 3g, 설탕 5g, 참기름 40g
피 반죽 감자전분 100g, 밀전분 50g, 끓는 물 100g, 찬물 50g, 식용유 15g

1 피 반죽 재료를 모두 섞어 반죽한다.

2 적채, 당근, 오이는 채 썰어 준비한다.

3 삼겹살을 볶는다.

4 피 반죽을 조금씩 떼서 돌돌 밀어준다.

5 찜기에 3분간 찐다.

6 준비한 2, 3, 5를 접시에 담고 분량의 재료를 골고루 섞어서 만든 소스를 뿌려서 낸다.

수정떡

중국 산시성의 딤섬으로, 다양한 모양의 틀에 넣고 찍어낸 후 쪄서 먹는다.
우리나라의 떡과 비슷하다.

팥앙금, 완두앙금, 호박앙금
피 반죽 수정교자 반죽 24쪽 참고

1 수정교자 반죽을 하고, 속재
료를 준비한다.

2 피를 만들어 속재료를 넣고
감싸듯 잡아 동그랗게 빚어
준다.

3 매끄러운 표면을 아래쪽으로
넣어 틀의 모양이 잘 나오도
록 누른다.

4 다양한 모양을 만들고 찜기에
서 4분간 찐다.

틀에 기름칠을 해두어야 수정떡을 틀에 넣고 뺄 때 잘 빠진다.

47

조염 옥수수

5가지 가루를 섞어 만든 조염 가루를 튀긴 옥수수에 뿌려 볶아서 만든다.
조염 가루는 해산물, 채소와 맛이 잘 어울린다.

옥수수 400g, 잣 50g, 식용유 1000g, 쪽파10g, 감자전분 100g
조염 가루 설탕 2g, 산초가루 2g, 백후추 3g, 치킨 파우더 5g, 소금 2g

1 옥수수는 수분을 제거하여 준비하고 다른 재료도 준비한다.

2 옥수수에 감자전분을 묻혀 준다.

3 가루를 털고 온도 180두의 기름에 튀긴다.

4 옥수수가 기름 위로 떠오를 때 잣을 넣어 같이 튀긴다.

5 옥수수는 건져서 기름을 제거하고 팬에 넣고 분량의 재료를 섞어 만든 조염 가루를 넣고 볶는다.

 조염 가루를 미리 만들어 보관해두면 간단한 튀김에 뿌려 먹을 수 있어 특별한 소스 없이 튀김을 즐길 수 있다.

48

바나나 튀김

바나나 사이에 팥앙금을 넣어 튀김옷을 입혀 튀겨낸 후식이다.
색다른 바나나를 즐길 수 있다.

팥앙금 100g, 바나나 1개, 기름 100g
피 반죽 감자전분 80g, 박력분 20g, 베이킹 파우더 5g, 식용유 35g, 찬물 80g

1 재료를 준비한다.

2 볼에 감사전분, 박력분, 베이
킹 파우더를 넣고 식용유를
넣어가면서 재료를 혼합한다.

3 2에 물을 넣어 농도를 조절한
후 반죽을 만들어 냉장고에
30분간 보관한다.

4 과일(바나나)은 어슷 썰어 앞
뒤로 감자전분을 묻히고 소량
의 팥을 얹은 다음 다른 바나
나로 덮는다.

5 4의 바나나를 3에 넣어 튀김
옷을 충분히 묻혀 기름에 튀
긴다.

1. 바나나를 튀길 때 기름 온도가 높으면 반죽색이 금방 변하기 때문에
   160도로 유지하는 것이 좋다.
2. 수분이 적은 다른 과일을 사용해도 된다.

호박떡

중국의 전통 음식으로 찐호박을 넣은 익반죽으로 피를 만들고 팥앙금을 넣어
호박 모양을 만들고 쪄낸 딤섬이다.

단호박 속재료 200g(단호박 200g, 소금 1g, 설탕 40g), 팥앙금 200g
피 반죽 찹쌀가루 200g, 밀전분 50g, 소금 2g, 물 소량

1 찐 단호박과 찹쌀가루, 밀전분, 소금을 준비한다.

2 볼에 1을 모두 넣어 익반죽을 한다.

3 반죽과 팥앙금을 준비한다.

4 팥앙금과 반죽을 동그랗게 빚어 모양을 만든다.

5 호박 모양이 나도록 줄무늬를 만든다.

6 찜기에서 5분간 찐다.

TIP
1. 찐 단호박의 당도에 따라 설탕 양을 조절한다.
2. 단호박을 손질할 때 전자레인지에 2~3분간 데우면 칼이 잘 들고 안전하게 자를 수 있다.
3. 단호박을 찔 때 껍질 부분이 위로 올라오도록 뒤집어서 찌면 단맛이 더욱 살아난다. 속부분이 위로 올라오게 찌면 뚜껑에 맺힌 수분이 떨어져서 단맛이 줄어들기 때문이다.

50

단호박 코코넛 지짐

찐호박을 넣은 익반죽으로 피를 만들고 팥앙금을 넣어
손바닥으로 눌러 모양을 만들고 지져낸 딤섬이다.

단호박 속재료 200g(단호박 200g, 소금 1g, 설탕 40g), 코코넛롱 50g, 팥앙금 적당히
피 반죽 찹쌀가루 20g, 밀전분 50g, 소금 2g, 물 소량

1 찐 단호박과 찹쌀가루, 밀전분, 소금을 준비한다.

2 볼에 1을 모두 넣어 익반죽을 한다.

3 반죽과 팥앙금을 준비한다.

4 피 안에 팥앙금을 넣고 동그랗게 만든다.

5 손바닥으로 눌러 납작하게 만들어 코코넛롱을 묻힌다.

6 팬에 기름을 두르고 약불에서 지진다.

 코코넛롱은 잘 타기 때문에 지질 때 약한 불에서 중불로 이동하면서 서서히 지진다.

파전병

중국 북방 지역의 별미로, 푸젠 산동 요리로 꼽히며 야시장의 흔한 먹거리다.
밀가루 반죽에 파를 넣어 돌돌 말아 모양을 빚은 후 지져낸다.

파기름 대파 50g, 쪽파 50g, 생각 1쪽, 기름 200g
피 반죽 밀가루 200g, 대파 15g, 쪽파 10g, 식용유 600g, 소금 3g, 물 100g

1 밀가루는 미지근한 물로 반죽해서 30분간 숙성시킨다.

2 팬에 기름을 붓고 파와 생강을 넣고 파의 색이 변할 때까지 볶아서 파기름을 만든다.

3 대파, 쪽파는 송송 썰어 준비한다.

4 반죽을 넓게 펴서 파기름을 바른다.

5 쪽파와 소금을 뿌리고 말아준다.

6 돌돌 말아서 3cm 길이로 자르고 넓적하게 눌러 준다.

7 팬에 파기름을 두르고 지진다.

8 노릇하게 구워 담아낸다.

TIP
독특한 향을 위해 소량의 백후추, 산초가루를 사용하여 색다른 맛을 낸다.

52

찹쌀 대추

맛이 달고 몸에 좋은 대추는 씨를 제거한 대추를 열어 찹쌀 반죽을 넣고
쪄낸 후 달큰한 소스에 조려낸 영양 듬뿍 후식이다.

대추 15개, 찹쌀가루 200g, 감자전분 50g

소스 물 400g, 꿀 100g, 소금 2g

1 대추는 씻어서 씨를 제거하고 찹쌀가루에 소량의 소금을 넣고 익반죽한다.

2 대추 안에 가루를 살짝 묻혀 반죽을 넣는다.

3 찜기에서 10분간 찐다.

4 냄비에 분량의 재료를 넣고 끓여 소스를 만든다.

5 4에 3을 넣고 졸여서 접시에 담는다.

1. 대추를 물에 담궈 30분간 불린 후 수분을 제거한다.
2. 찹쌀 반죽은 끓는 물을 소량만 넣고 치댄다.

망고 푸딩

망고의 진한 맛과 부드러운 우유가 어우러진 촉촉하고 쫀득한 후식이다.

냉동 망고 2팩
푸딩 물 100g, 설탕 20g, 젤라틴 8g
레이어 우유 50g, 설탕 10g, 젤라틴 4g

1 냉동 망고는 사방 2cm로 썰고, 우유와 설탕, 판 젤라틴을 준비한다.

2 팬에 물과 설탕을 넣고 끓인다.

3 미리 불려 놓은 판 젤라틴을 넣고 끓인다.

4 그릇에 망고를 넣고 3을 부어서 굳힌다.

5 팬에 우유, 설탕, 불린 젤라틴을 넣어 끓인다.

6 4의 굳은 망고 푸딩 위에 5를 넣어 레이어를 주고 굳힌다.

 1. 다양한 계절 과일을 이용하여 같은 방법으로 푸딩을 만들어 즐길 수 있다.
2. 설탕을 먼저 녹여야 젤라틴이 빨리 굳는다.

54

소고기 진주 완자

소고기에 양념을 해서 완자로 빚고 불린 찹쌀을 겉에 묻혀 쪄내는 딤섬이다.

불린 찹쌀 100g, 다진 소고기 200g,
표고버섯 3개, 당근 40g, 생강 5g,
대파 10g, 달걀 노른자 1개,
감자전분 30g
소스
총장즙 15g, 치킨 파우더 30g, 굴소스 15g,
참기름 40g, 백후추 2g, 소금 1g, 설탕 1g

찹쌀은 1시간 이상 불려야 익히는
시간을 절약할 수 있다.

1 표고버섯, 당근, 생강은 다지
고, 분량의 재료를 준비한다.

2 볼에 찹쌀을 제외한 1과 분량
의 소스를 넣고 치댄다. 이때
오래 치대면 물기가 생기가 생
기기 때문에 5분 이상 치댄다.

3 2를 동그랗게 빚고 불린 찹쌀
을 묻혀서 10분간 찐다.